宫泽贤治的鸟

〔日〕国松俊英 著　　〔日〕馆野鸿 绘

王敏 译

云南出版集团　晨光出版社

在宫泽贤治的童话和诗歌作品中，总会有大量的鸟类出现。据初步统计，贤治的作品中总共出现了 70 余种鸟类，如夜鹰、猫头鹰、朱鹮等。他常常漫步山野，或进行地质调查，或采集植物。登山是他常常都会进行的"运动项目"。

在不同的季节，在不同的地方，宫泽贤治总会与远飞的鸟、啼叫的鸟和栖息的鸟邂逅，与它们逐渐亲近，同时又为其美丽的羽翼和优美的歌声所迷醉。在他的童话和诗歌中，贤治常常以鸟喻人，倾诉自己的愿望和理想，并赋予心愿的寄托。

树林里或突然响起小鸟"扑棱扑棱"扇动翅膀的声音，
或传来"叽叽喳喳"尖锐的鸟鸣，或是"咕咕咕"的低吟。

蜿蜒的银河中，大熊星座金光闪闪，
在东方山脉上方的夜空，
投下一片古老的金黄色的光芒。

——童话《二十六夜》

猫头鹰：黑夜中的狩猎者

宫泽贤治很喜欢猫头鹰。因此在他的作品中，猫头鹰的出场率是最高的。在童话《二十六夜》《树林深处》《柏树林之夜》《良药与特效药》《贝壳之火》《大提琴手高修》中，我们总能见到猫头鹰的身影。例如《大提琴手高修》中的大角猫头鹰，就被大提琴优美的音色医好了疾病。

猫头鹰属鸮形目，大多身形矮胖，由于脸型似人，而备受日本人的喜爱。一年四季，它们从北海道飞往九州，从平原飞到山地，白天在树林里睡觉，夜晚才出来活动。即使是在微弱的光线下，猫头鹰也能看清物体，而且其耳部结构十分特别，即使是在黑暗中也能知晓小动物的位置。猫头鹰的翅尖微微裂开，表面如同天鹅绒一般，因此在飞行时不会发出任何声响。它们可以在夜晚尽情翱翔，猎食老鼠、松鼠、鼹鼠、小鸟等，正所谓"黑夜中的狩猎者"。

童话《二十六夜》讲述的是农历6月24日夜晚的故事。故事发生在一个名叫"狮子鼻"的松树林里。狮子鼻位于北上川的旁边，北上川流经盛冈市和花卷市（贤治的家就在花卷市）。松树林里有一群猫头鹰，他们聚集在一起，正在听猫头鹰和尚讲经。小猫头鹰穗吉被人类捕抓并被折断双腿，之后又被抛弃在茅草原上。树林里年轻的猫头鹰们十分愤怒，打算去找人类报仇。但和尚告诫猫头鹰们：要以佛法化解内心的愤怒，减少怨念，要冷静，要学会忘记仇恨。

这个故事的本意是在向人类表达强烈的愤慨，因为人类总是捕捉活生生的鸟类和动物并将它们折磨致死。此时的贤治是取动物之视角，控诉了那些擅自涂炭鸟类和动物的人类行为。

在宫泽贤治生活的时代，日本人普遍并不具备保护野生鸟类和动物的意识，更没有与它们"共生存"的概念；即便有，也是微乎其微。在这种时代背景之下，贤治的作品却能从动物的视角出发去观察世界，考量人类与动物的"共同命运"，并基于佛法劝诫受害者放弃复仇，同时也对施害者予以告诫。

翠鸟：拥有翡翠般羽毛的生灵

翠鸟也是宫泽贤治作品中经常出现的主要角色，其中尤以在童话《山梨》和《夜鹰之星》中为最为引人注目。

童话《山梨》主要讲述的是生活在小溪流中的一对螃蟹兄弟的故事。全文分为"五月"和"十二月"两个部分。童话一开篇就描绘了小溪流世界里的美好景色。

然而，就在这美好而涓细的溪流底下，意外总是不期而至。在第一部分"五月"中，一道蓝色的光如同子弹一样射进水里，捕食了螃蟹兄弟身旁的鱼儿。而这道"蓝色的光"就是翠鸟。兄弟俩害怕极了，趴在河底一动不动；螃蟹爸爸安抚着两兄弟，桦树的花瓣铺满了水面。到了第二部分"十二月"，熟透了的山梨落进水里，这是外面的世界给小溪流里的螃蟹兄弟送来的最好的礼物。

《山梨》最早发表于大正[1]12年（1923年）4月8日的《岩手每日新闻》，是宫泽贤治生前在报纸上发表的为数不多的作品之一，也是贤治在妹妹敏子逝世后发表的第一篇童话。这篇童话的主题是生命、死亡与安宁，寄托了贤治对亡妹的思念之情。

故事里提到的熟透的山梨，比普通的梨子小，比樱桃大。山梨树多长在河边，果实一旦成熟，便"扑通"一声落在河里，随波逐流。最后停在哪里，就在哪里生根发芽，果实香气扑鼻。

童话《夜鹰之星》中也出现了翠鸟。在这篇童话里，翠鸟是夜鹰的弟弟。夜鹰名为"鹰"，却并非老鹰一类的猛禽，而是以捕食蚊蛾为生的鸟类，又名"蚊母鸟"。夜鹰因为"徒有鹰名"，一方面遭到其他鸟类的鄙视和嫌弃，另一方面又受到老鹰的威吓而必须改换原有的名字。夜鹰此时深深体会到弱者的痛苦心理，从此开始讨厌捕食比自己更弱小的蚊虫，决心飞向远方的天空。于是，在与翠鸟告别之后，他便展翅高飞了。

翠鸟一般栖息在水塘、河川和沼泽，以捕鱼为生。它们总是站在河边或水塘边的木桩或树枝上，找寻河里的鱼，一旦发现便锁定目标，飞快地冲入水中捕捉。这种鸟类有着一身犹如翡翠般青绿色的羽毛，非常美丽，由此得名"翠鸟"。

[1] 日本大正天皇在位期间使用的年号。以下类似表述均为日本各天皇的年号。

就在这时，
水面突然泛起了白色的水泡，
一道蓝色的光，如同闪光的子弹一样，
猛地射进水里。
螃蟹哥哥看得再清楚不过了，那个蓝色物体的前端，
犹如一只又黑又尖的圆规。

——童话《山梨》

蜂鸟：与宝石同名的鸟

　　蜂鸟是贤治童话《十克拉的金刚石》和《黄色的西红柿》中的重要角色，在《夜鹰之星》中也曾出现过，夜鹰、翠鸟和蜂鸟是三兄弟。一般而言，贤治的童话和诗歌中所出现的鸟类，如夜鹰、布谷鸟、猫头鹰、翠鸟等，都常见于日本岩手县，很少有日本国以外的鸟类。蜂鸟是一个例外。蜂鸟并不生活在日本，而是分布在南北美大陆。但这种属于日本国以外的鸟类为何会经常出现在贤治的作品当中呢？蜂鸟之所以会在贤治的作品中"重磅登场"，一定是因为它们与贤治的邂逅非常特殊。那么，贤治是在何时何地与蜂鸟相遇的呢？我分别从三种角度做出了以下三种推测。

　　推测一，结合宫泽贤治的阅读经历来看，有可能是在佛教传说、佛本生故事或古印度民间故事中出现过类似蜂鸟这种吸食花蜜的鸟类。因此，身为佛教徒的贤治才得以将这种鸟写进了自己的作品。推测二，贤治或许是在某个动物园观赏过蜂鸟，并为其所倾倒。我查阅了大正时期（1912 年—1926 年）的相关资料，试图追踪当时在某个动物园里是否出现过蜂鸟的踪迹。推测三，贤治大概是在参观某博物馆时看到了展出的蜂鸟标本，所以才喜欢上了这种鸟。

　　根据这三种推测，我一一予以了考证。首先，我查阅了大量的佛教传说及印度民间故事，并未从中找到蛛丝马迹；同时也查阅了相关的佛教绘画作品，也没有发现类似的鸟类。其次，我对日本 20 世纪 30 年代已有的动物园进行了追溯，推断宫泽贤治如果是在某个动物园观赏过蜂鸟，那么唯一的可能就是上野动物园。于是我翻阅了《上野动物园百年史》，上面记载了上野动物园所有动物的入园记录。根据记载，上野动物园第一次出现蜂鸟是在昭和 14 年（1939 年），那是由鸟类学专家山阶芳磨博士捐赠的安氏蜂鸟；而宫泽贤治已于昭和 8 年（1933 年）逝世，因此他在上野动物园目睹蜂鸟的可能性为零。

于是只剩下第三个推测。大正时期的上野东京帝室博物馆（现东京国立博物馆）当年曾展出过大量的鸟类和哺乳类动物标本。那么，大正时期的东京帝室博物馆内曾经展出过的鸟类标本是否都有存档记录呢？在调查过程中，经人引荐，我结识了原国立科学博物馆资料室主任椎名仙卓先生。于是我向椎名先生咨询了有关大正时期博物馆内展出蜂鸟标本的情况，并得到了他及时的回复：

"我这里有一份大正 9 年（1920 年）期间东京帝室博物馆出版发行的展品目录。我们查阅之后就会弄清其中有没有蜂鸟标本了。"

椎名先生说隔天会再打电话过来。第二天，他在电话里告诉我，展品目录里的确有 4 种蜂鸟标本的记录。得知这一信息之后，我立即动身前往东京国立博物馆，查阅了《东京帝室博物馆·天产部·陈列品目录》（大正 9 年发行）。这份目录里记载了大正时期在东京帝室博物馆内展出的所有脊椎动物标本，包括哺乳类动物、鸟类动物、爬行类动物，共计 1418 份。

在这份目录的第 50 页上，赫然记载着 4 种蜂鸟标本。查阅之后，我不禁"啊"的一声叫了出来。原来在这 4 种蜂鸟标本中，有 3 种是以宝石的名字命名的。它们分别是：红宝石黄蜂蜂鸟、石榴石喉蜂鸟、红玉蜂鸟；还有一个是艳紫刀蜂鸟。每种蜂鸟的羽翼都犹如绽放七彩之光的宝石般艳丽。当时，东京帝室博物馆 3 号馆的二层是用来展出鸟类、哺乳类和昆虫类等动物标本的，一层展出的则是岩石、化石和植物标本。

贤治一定曾经来过这里。在观看完岩石和化石标本之后，登上二层，在那里看到了蜂鸟标本：蓝的、红的、紫的、黄的，犹如宝石一般美丽的羽翼令人炫目。世界上竟有如此美丽的鸟类！可想而知，贤治情不自禁地为蜂鸟所倾倒。从此之后，贤治大概多次来到博物馆参观，并在自己的童话和诗歌中做了如实的描述。他在童话《黄色的西红柿》的开篇中写道：

在我们镇上的博物馆里，有四只已经被制成
标本的蜂鸟，它们被陈列在高大的玻璃橱窗里。

贤治的这段描述与当年在东京帝室博物馆内展出蜂鸟标本的环境完全一致。由此可见，这些蜂鸟标本带给贤治的印象是非常强烈且清晰的。于是，贤治以 3 号馆的蜂鸟标本为原型，创作了童话故事，而且在童话《十克拉的金刚石》中，蜂鸟也不是活的，而是被制成了一顶帽子上的装饰品，并且从帽子上"飞"走了。在这篇童话中，贤治还运用自己的想象力，为蜂鸟扇动翅膀的声音赋予了拟声词。

蔚蓝的天空中，一只蜂鸟发出了
"嚓嘶伦——嘶伦——嘶伦哩——嘶伦——嘶伦——嘶伦哩"的声音，
它和另外两只蜂鸟一起，悬停在一枝龙胆花上。

——童话《十克拉的金刚石》

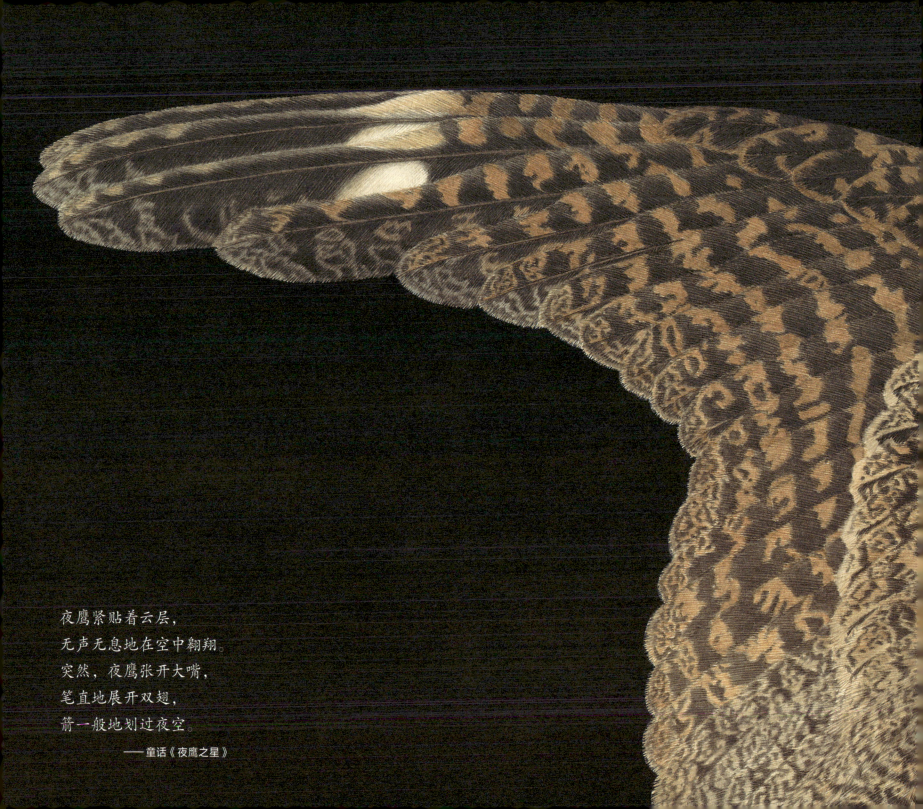

夜鹰紧贴着云层，
无声无息地在空中翱翔。
突然，夜鹰张开大嘴，
笔直地展开双翅，
箭一般地划过夜空。

——童话《夜鹰之星》

夜鹰和大地鹬：以天空为目标的鸟

　　在宫泽贤治的作品中，《夜鹰之星》的知名度是非常高的。这篇作品创作于大正10年（1921年）期间，当时，贤治离家出走，寓居在东京本乡菊坂町的一间小屋里。在这段寓居的日子里，贤治创作颇丰，据说他写下了整整一皮箱的童话，《夜鹰之星》就是其中之一。这篇童话中的"夜鹰"被认为是贤治的自我写照，表达了他自身的烦恼与苦闷。主人公夜鹰的羽毛颜色就像枯树皮一样灰不溜秋，因此总是遭人白眼；又因为徒有"鹰"的名号却无"鹰"的实力，而被名副其实的鹰隼胁迫更名；最后夜鹰又因为捕食蚊虫而自我厌恶。于是他决心飞向遥远的天空。在与弟弟翠鸟告别之后，他奋力搏击长空，以至于燃烧自己，变成了一颗璀璨的星星。

　　不过有关《夜鹰之星》却存在一个巨大的谜团。本来这个故事的手稿封面原题为《夜鹰》，而后却被改为《胖鹬鸟》。何以要将"夜鹰"改为"胖鹬鸟"呢？对于作者而言，更改故事的标题可是一件大事。

　　更改标题必有其缘由。

　　原来，贤治在写完《夜鹰之星》之后不久，就把主人公"夜鹰"换成了另外一种鸟。据我判断，他有可能是以"胖鹬鸟"为主人公，重新设计了一个新的故事。在完成《夜鹰之星》大约9年之后，也就是昭和4年或5年（1929年或1930年）间，贤治开始动笔创作《花鸟童话集》的构思笔记，并将其内容用铅笔记录在了童话故事《白头翁》的封底。构思笔记的内容主要是有关这部新童话集里即将收录的11篇作品的名字，包括《蚂蚁和蘑菇》《白头翁》《耕地边缘》《山梨》《银杏果》等，其中第9篇故事的名字是《山鹬》。而"胖鹬鸟"和"山鹬"都是大地鹬的方言称呼，因此贤治最初以"夜鹰"为主人公创作的作品，之后被改编成了一个以"胖鹬鸟"为主人公的新故事，而这个新故事的主人公其实就是大地鹬。

　　大地鹬每年夏季都会从澳大利亚等南半球国家迁徙至日本，成鸟全长30厘米，通体深褐色。雄鸟飞来日本之后，便会对雌鸟进行求爱。"喳喳喳——嘶皮呀克——嘶皮呀克——"它们一边放声尖叫，一边飞向空中，随后张开羽翼，发出"呼啦啦"的振翅声，俯冲而下；然后再一边高声鸣叫，一边直冲高空。

贤治在诗歌《小岩井农场》第七节中，对大地鹬在雨天农场上空求爱的场景进行了描述。从大正到昭和初期这段时间里，大地鹬这种鸟类多栖息在小岩井农场和岩手山山麓的草原。因此，贤治经常能看到这种尖叫着在高空盘旋的鸟类。那么贤治为何要将"夜鹰"改成"大地鹬"，并重新写了另外一个故事呢？这是因为大地鹬和《夜鹰之星》中的夜鹰一样，都很向往高处，都是那种乐于"直冲云霄"的鸟。

　　每到夏季，总会有大量的大地鹬迁徙到北海道，栖息在那里的草原和农场。从前，阿伊努族（北海道原住民族群）的人们很熟悉这种鸟，并根据鸟的叫声予以爱称——"西皮亚克"，在阿伊努族人当中至今还一直流传着这样的传说：

　　西皮亚克是生活在天界的鸟。天神派它来凡界观察人间，来时正值大地春意盎然，繁花似锦。西皮亚克流连忘返，竟忘记了自己的使命，不觉已是秋季。它急忙赶回天界，不料天神震怒，将西皮亚克逐出天界。但西皮亚克始终难以忘怀天界，依然想回归众神之国。因此直到现在，我们依然能看到它们一边发出"嘶皮呀克"的叫声，一边义无反顾地直冲向高空。

　　大正 10 年（1921 年）左右，贤治写下了一个以"夜鹰"为主人公的童话。但数年之后，在他得知了有关西皮亚克的悲伤传说后，便对这种鸟产生了强烈的共鸣和兴趣。因为他一直对天上的世界抱有强烈的关注，所以自然会被难以回归天界的西皮亚克所吸引，于是便将主角原本是夜鹰的童话《夜鹰之星》，改写成了一个有关大地鹬的故事，并在改写时将原标题《夜鹰》改成了《胖鹬鸟》。

　　那么，贤治《花鸟童话集》的构思笔记是创作于《夜鹰之星》完成之后的 9 年间，因此贤治期间必定曾经创作过一个以"大地鹬"为主人公的新作品。但他不可能只是在童话集中只标出题目而未留下故事内容。或许，这个新创作的作品已经毁于昭和 20 年（1945 年）8 月 10 日的花卷空袭事件之中了。

远方的天空，那群大地鹬
张开大嘴，发出像是将风灌入啤酒瓶里的叫声，
灰色的喉咙黏膜暴露在风雨中，
勇往直前。

——心象风景[1]《小岩井农场·第七节》

[1] 一种抽象的文学（艺术）创作形式，是一种非写实的记录，记录
在人的脑海中浮现、被描述或被记忆的情景。宫泽贤治的"心象
风景"更多地不是文学创作，而更像是内心某些愿望的自然流露。

就在那时，对面的山丘上有一只鸟在逆光飞行。

——童话《年轻的树精》

布谷鸟非常高兴，
随着中途响起的琴声一起"布谷——布谷——布谷——布谷——"地叫起来。
布谷鸟唱得很认真，拼命地伸长脖子，无休止地高唱。

——童话《大提琴手高修》

朱鹮：拥有妖艳魅力的鸟

在贤治的童话作品《年轻的树精》和《整天咬藤蔓的塔耐里》中，朱鹮引诱文中的角色，意图把他们带进魔界。而在童话《被抓走的达利亚》中，朱鹮则拥有一种奇异的力量，能让达利亚花变色，并把它带去一个神秘的黑暗世界。在这些故事里，朱鹮被描写成了一个来自异界的使者，并且拥有可怕的魔力。

作为现实中的鸟类，朱鹮生性脆弱，不像乌鸦和麻雀那样拥有顽强的生命力，它不太适应现在这种与人类聚居区日益接近的生存环境的变化，因此朱鹮的数量一直在减少。然而，在贤治的笔下，朱鹮却是一种拥有不可思议的妖艳魅力的鸟。

毫无疑问，贤治对数量不断减少的朱鹮给予了强烈的关注。直到大正初期，朱鹮还曾在花卷地区的水田周边出没。年少的贤治或许是在放学后看见了在空中翱翔或是在水田漫步的朱鹮，即使成人后也依然对这种长着粉色羽毛、美丽而又妖艳的鸟类念念不忘。

布谷鸟：有个性的歌手

贤治对鸟类的鸣啭和啼叫有着非常浓厚的兴趣。他对大自然的声音十分敏感，喜爱听鸟类在草原和森林中或悲伤、或快乐地鸣叫。布谷鸟、杜鹃、中杜鹃等这些叫声独特的杜鹃科鸟类经常出现在贤治的诗歌里。贤治用他独特的感受方式和美丽的辞藻描绘了这些鸟类的叫声和模样。他在诗歌《厨川停车场》中对布谷鸟进行了这样的描述：

落叶松、落叶松、落叶松，
蓝色的短针喷射而出。
夕阳映射天空，
仿佛漫天溢满了啤酒。
布谷鸟在这里、在那里，
如同要断线的细绳，
声嘶力竭地啼鸣。

贤治在听了布谷鸟的叫声后，试图用语言将鸟鸣的节奏和音阶表现出来。于是他将布谷鸟的叫声描写为"如同要断线的细绳，声嘶力竭地啼鸣"，可谓十分独特。

在诗歌《远足统率》中，贤治将从远方传来的杜鹃"噗噗噗"的叫声描写成了"睡梦中的机关枪"。

在贤治耳熟能详的童话《大提琴手高修》中，布谷鸟也曾登场。他飞到了水车房，将音乐的真谛传授给了高修。

乌鸦：活在严酷季节中的鸟

　　诗歌《乌鸦百态》描写的是乌鸦在白雪覆盖的农田里的"千姿百态"。贤治对清晨农田里的乌鸦进行了细致入微的观察，包括它们的动作、表情，不放过任何一个细节：啄雪的乌鸦，抬头眺望远方的乌鸦，低头的乌鸦，跌跌撞撞的乌鸦，以及被鸦群丢下后茫然失措、孤独无助的乌鸦。贤治在描写乌鸦那有点迷糊的性格时可谓独具匠心。

　　这首诗细致地描述了乌鸦的形态各异以及鸦群整体行动时的状态，当然还有弥漫在清晨农田里的清冽空气。从诗歌中，我们能够感受到贤治对在寒冬里顽强生存的乌鸦的关注。《乌鸦百态》全诗总共为二十六行。

伯劳：被柳树吞噬的鸟

　　童话《抓鸟的柳树》描述的是一个小学四年级的男生去河滩找寻"吞食小鸟的柳树"，小主人公亲眼看见了100只伯劳鸟一下子全都栽进古老的柳树（馒头柳）里。伯劳鸟在贤治的其他作品中也曾登场。起初读这些故事时，我以为这应该就是指那种耳熟能详的伯劳科的伯劳鸟。但慢慢地，我感受到了一丝异样。贤治作品中的伯劳鸟通常都是成百上千只地群体行动。但伯劳科的伯劳鸟终年都是各自为战，即便是秋冬季繁殖期结束后，雌鸟与雄鸟也会分开生活。

　　根据作品中的描述，我们可以看出贤治笔下的"伯劳鸟"应该是指"椋鸟"。大正至昭和初期，在日本东北、关东、近畿等不同地区，对这种鸟的叫法都有所不同，其中包括"地域称呼"，也包括"方言称呼"。在贤治的作品中，有些鸟类的名字通常都是沿用了过去人们习惯的"地域称呼"。因此我认为，当时很可能是某些地区将"椋鸟"称为"伯劳鸟"，贤治也因而把"椋鸟"叫做"伯劳鸟"了。

　　在查阅了相关资料之后，我确认了秋田县地区对某些鸟类的方言称呼和叫法。鸟类学家仁部富之助在著作《野鸟八十三夜》中写道："在秋田县仙北郡，椋鸟曾被叫做'伯图鸟''伯劳鸟''褐伯劳鸟'。"这里的"褐伯劳鸟"就是指羽毛颜色为褐色的椋鸟，也就是褐色椋鸟。因此，贤治笔下的"伯劳鸟"应该就是"椋鸟"。

在白雪覆盖的农田
有在田间小道成群结队踱步的乌鸦
在白雪覆盖的农田
有惊讶地发出几声鸣叫的乌鸦
在白雪覆盖的农田
有低头啄雪的乌鸦
在白雪覆盖的农田
有四处张望的乌鸦

——古体诗《乌鸦百态》

就在那棵柳树之上，
一下子闪现出一百只鸟，
它们风起云涌一般，
一齐朝着北方飞去。

那一群鸟像波浪一样，
摇摇晃晃地贴着发光的云层飞翔。
飞到五颗大柳树的上空时，
突然像被磁铁吸住一样，
一下子掉进了柳树里。

——童话《抓鸟的柳树》

天鹅：展翅银河的鸟

大正 12 年（1923 年）7 月 31 日至 8 月 12 日，贤治前往桦太岛[1]旅行，为期 13 天。当时桦太岛南部属日本领土，有许多日本人在那里生活。太平洋战争结束后，那里成为了俄罗斯的领土，并更名为"萨哈林岛"。贤治去桦太岛旅行的目的有两个，其一是拜托王子制纸[2]的大泊工场录用两名花卷农业学校的学生，该企业中有一位名叫细越健的男子，曾是贤治在盛冈高等农林学校读书时的学弟。其二是与前一年去世的妹妹敏子的亡魂进行"沟通"。对于贤治而言，第二个目的是相对重要的。

1922 年 11 月 27 日，贤治的妹妹敏子离世。从那之后，贤治一度弃笔，直到 1923 年 6 月。在这半年多的时间里，贤治仅仅创作了两首诗歌：《风林》和《白鸟》。

在日本民间流传着这样一种信仰，那就是坚信人死之后，灵魂会离开身体一路向北，最后进入阴府之地。桦太岛位于日本的最北部。贤治很想跟随妹妹的亡魂去往日本的最北方，期待在那里与妹妹的亡魂相遇。这次旅途可谓是"唤灵"之旅。"唤灵"是古时日本和冲绳地区的民间信仰，是为了呼唤死者的灵魂而举行的仪式。贤治一直思念妹妹，无论如何都想与妹妹的亡魂进行"沟通"。于是，他于 7 月 31 日踏上了前往桦太岛的旅途。

1923 年 7 月 31 日晚 9 时 59 分，宫泽贤治从花卷站出发，搭乘前往青森的列车。此时花卷的上空出现了天鹅星座，就像是展开了一双羽翼。列车于晚上 11 时抵达盛冈站，在盛冈的夜空上仍然可以看见正闪闪发光的天鹅星座。

在诗歌《白鸟》中，去世的妹妹变成了一只白鸟，向北飞去。白鸟就是天鹅，也就是在夜空中闪耀的天鹅星座。每年从 7 月末开始，

---

[1] 库页岛南部，二战时期日本殖民地。

[2] 一家有百年历史的日本纸业生产商，世界排名第六位。

30

天鹅星座都会从岩手县上空向桦太岛上空移动。因此贤治选择在 7 月
31 日出发，伴随着天鹅星座一起前往桦太岛，以期抵达日本的最北方，
与敏子的亡魂相遇。

　　贤治抵达青森站之后，又换乘青函联络船 [3]。8 月 1 日上午 12 时
30 分，联络船从青森港离岸，跨越津轻海峡，贤治乘船经由函馆、
札幌，于 8 月 2 日拜访位于旭川的农事试验场；然后再从旭川前往稚
内，在稚内港搭乘渡船前往桦太岛的大泊港。

　　8 月 3 日，贤治前往位于桦太岛的王子制纸大泊工场，拜托细越
关照学生就职，之后他回到大泊港，下午便乘坐桦太铁路列车前往荣
浜。晚上，贤治走出位于荣浜的山口旅馆，在沙滩上为妹妹敏子诵读
《法华经》。在星光闪耀的天穹上，天鹅座清晰可辨，仿佛从花卷站一
路追随着贤治。贤治在日本最北方的星空下，遥望天鹅星座。他极度
渴望与妹妹的亡魂对话，但却没有得到任何回应，直到天明。

　　一夜之后，贤治离开了荣浜，乘坐桦太铁路列车前往落合站。童
话《银河铁道之夜》中的天鹅站就是以落合站为原型的。然后，他继
续前往内渊川上游。在这里，人们曾经发现一亿年前的白垩纪化石，
并在河中找到了菊石化石、嵌入硅化木、琥珀化石，以及长满苔藓的
木炭石。到了晚上，贤治再次回到荣浜，继续祈祷至天明，与妹妹敏
子的亡魂道别。

　　"桦太之行"之后，宫泽贤治重拾文笔，开始为远去的妹妹敏子
创作故事——一个乘坐火车畅游银河的故事。他在旅行中看到的桦太
铁路线、落合车站的站台和建筑、桦太的风景，以及在从稚内到大泊
的渡船甲板上看到的迁徙的鸟群，这些全都一一铭刻在了贤治的心中。
多年之后，贤治终于完成了童话故事《银河铁道之夜》的创作。

---

[3] 1908 年至 1988 年间，连接日本青森站（青森县）与函馆站（北海道）之间唯一
　　的货运和客运船只。

两只巨大的天鹅
一边发出尖锐的啼叫
一边朝向露中的朝阳飞去
那是我的妹妹
是我逝去的妹妹

——心象风景《天鹅》

风在呼呼地咆哮着，树叶发出"哗啦哗啦"的响声。贤治爬上山坡，漫步在草原上。

　　从清晨到现在，这里空无一人。贤治时而驻足，眺望远方的山麓，眯着眼睛看云彩，侧耳倾听鸟鸣声。

　　贤治很喜欢在山野间散步。他时常登山，或漫步于草原，或散步于街道，或徘徊于山林。散步时，他会一只手插进口袋，另一只手前后大幅度地甩动。他走路的速度非常快，外出时，总会在脖子上挂着一支铅笔，上衣内口袋里放入一个记事本，腰上挂着一个小锤子，随时用来敲打岩石，脚上穿着橡胶船鞋。

他还会随身携带一些饼干和巧克力，并且直接用报纸当被子，因为报纸可以御寒，而且非常方便，可以不用带大件行李。他经常露宿野外，或平躺在松树下，或露宿在河滩，或酣睡于大岩石的背面。

就在这样的岁月里，那一阵阵吹过草原的风和夜空上点点的繁星，为贤治送来了一个又一个童话故事和一首首诗歌。

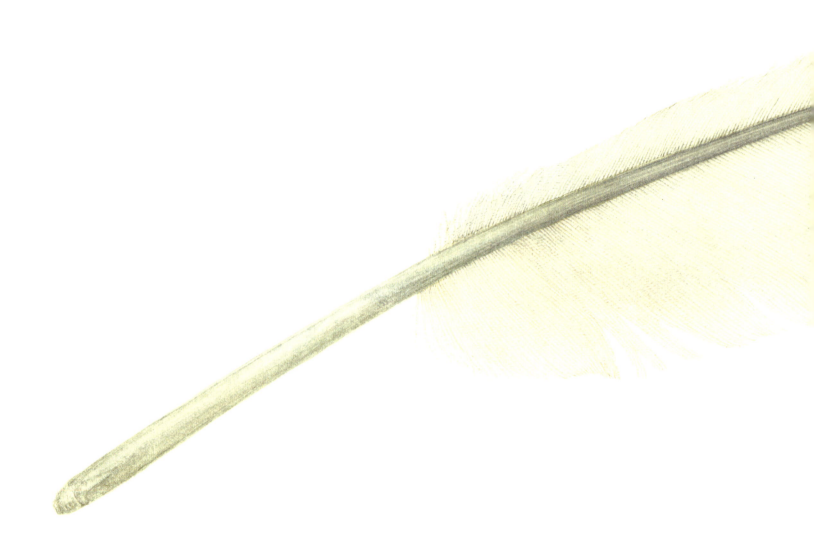

与鸟类的文明对话

和读者们一样，我也喜欢自然和动物，希望山更青、水更绿，向往永久的繁荣与和平。在此，我仅以本人与鸟类的对话略表心意。

日本诗人、思想家、作家宫泽贤治 37 岁时就过早地离世了，他留下了 100 多篇童话和散文。我惊奇地发现，他作品中的角色大多是动物、植物，还有山山水水，它们都是作者笔下有趣的主人公。因为这些作品明确地告诉读者，这就是生态，就是在描述生命。

为什么呢？通过认真研究，我发现这些作品是在讲述一种关系和认知。这不是我所熟悉的人与人之间的关系，也不是人与社会、思想、政治的关系与方法，而是人与环境和自然的关系与方法。这种超越人与人之间的关系的设定，自然会引申出一种不仅仅限于人类的生存方法论、认识论及人生观、价值观、世界观和宇宙观。

不是只有我这样解读宫泽贤治，世界各国都出现了类似的解读。因此，宫泽贤治的 50 多部作品在世界各地被广泛阅读。美国环境学研究人员曾多次前往宫泽贤治的故乡进行实地考察，澳大利亚等国还将宫泽贤治的作品选入了教科书。

为什么宫泽贤治早在 100 多年前就能以散文的形式描绘出人与环境、自然之关系的必然性，并提倡环境意识和环境对策呢？

这显然是一种超前的认识。于是，我又开始了第二个研究课题。

通过研究考察，我发现他的作品深处其实流淌着中国古典的源流。老庄思想、孔孟之道、唐诗宋词、《西游记》等中国古典思想和文学流派都在他的作品中有所投影，不言而喻，主张自然无为的环境意识早在春秋战国时代就被老庄思想所包容。因此，宫泽贤治将古今中外、文理交汇的智慧有机结合，才描绘出了人与环境和自然之关系的多彩图案。

我衷心希望，我们能与多元的生命展开文明的对话，也诚挚期待，我们能与不同类型的生命互惠共勉。

最后，感谢参与本书出版的所有人所赋予我们的与鸟类共鸣的美好。

王敏

2019 年 5 月 9 日
东京

本作品在翻译过程中得到了王敏研究室孔鑫梓、谭艳红的协助，特此感谢。

文字 ———— 国松俊英

日本儿童文学作家协会会员、宫泽贤治学会会员、日本鸟类学会会员，常年致力于观察和研究贤治作品中的鸟类。另外为了对当年贤治的桦太岛之旅进行调查，曾经两次造访库页岛。撰写了多篇关于贤治的著作，其中包括《宫泽贤治·鸟的世界》（小学馆出版社）及论文《宫泽贤治·桦太岛旅行之谜大追踪》和《宫泽贤治·"夜鹰之星"与"大地鹬"之谜》（均发表于日本儿童教育专科学校编著的《儿童学论集》）。其面向儿童读者的著作包括《麻雀的大研究》（PHP研究所）、《朱鹮啊，飞向未来》（公文出版社）、《有鸟存在的地球真精彩》（文溪堂）、《鸟喙图鉴》、《伊能忠敬·步行的日本地图》（岩崎书店）等等。

绘画 ———— 馆野鸿

1968 年出生于日本横滨。师从于已故画家熊田千佳慕，喜欢戏剧、现代美术、音乐，长期专注于对日本国内野生生物的全面接触和了解，致力于以环境评估为目标的生物调查研究，同时创作了大量风景画、生物图鉴、解剖图等作品。在摄影家久保秀一的建议下，于 2005 年开始创作图画书。其生物绘画作品包括《生物的生活》（学习研究社）、《世界上美丽的羽毛》（藤井干著／诚文堂新光社出版）等；图画书作品包括《戒》《岐阜蝶》《土斑猫》等，均由偕成社出版。

翻译 ———— 王敏

杰出华人女学者、翻译家、日本法政大学国际日本学研究所教授、宫泽贤治文学研究学者。自 1980 年代起致力于将宫泽贤治文学引入中国，是中国最早翻译宫泽贤治文学的翻译家、学者。她曾出版《宫泽贤治与中国》等数十部与宫泽贤治相关的学术研究著作，是英国大不列颠百科全书（日语版）中"宫泽贤治"词条的解说者。日本 NHK 电视台曾现场直播她对宫泽贤治作品《乌鸦的北斗七星》的导读和背景介绍，荣获 NHK 编委奖；日本朝日电台曾直播她与黑柳彻子对谈宫泽贤治的诗歌《不畏风雨》，令黑柳彻子感动落泪；日本 TBS 电台曾与她合作拍摄"宫泽贤治的丝绸之路梦"，荣获亚洲映像节特别委员奖。现居日本，致力于中日文化交流，为促进中日文化了解做出重大贡献。

本书绘画获得以下专业人士监督支持 ———— 鸟类：藤井干
蜂鸟采蜜的植物：游川知久（日本国立科学博物馆植物研究部·多样性分析和保护团队）
小林弘美（日本国立科学博物馆筑波实验植物园·技术助理）
铃木和浩（日本国立科学博物馆筑波实验植物园·技术助理）
滨崎恭美（日本原国立科学博物馆植物研究部·研究支援技术员）
天体图：西田信幸

图书在版编目（CIP）数据

宫泽贤治的鸟 /（日）国松俊英著；（日）馆野鸿绘；
王敏译. — 昆明：晨光出版社，2020.3
ISBN 978-7-5715-0374-1

Ⅰ.①宫… Ⅱ.①国… ②馆… ③王… Ⅲ.①鸟类 -
日本 - 儿童读物 Ⅳ.①Q959.708-64

中国版本图书馆CIP数据核字（2019）第249763号

著作权合同登记号 图字：23-2019-98号

GONGZEXIANZHI DE NIAO

宫泽贤治的鸟

[日] 国松俊英 著　　[日] 馆野鸿 绘　　王敏 译

出 版 人　吉 彤

总 策 划　吉 彤　姚湘竹
责任编辑　贾 凌　李 政

出　　版　云南出版集团 晨光出版社
地　　址　昆明市环城西路 609 号新闻出版大楼
邮　　编　650034
发行电话　（010）88356856 88356858
印　　刷　北京华联印刷有限公司
经　　销　各地新华书店
版　　次　2020 年 3 月第 1 版
印　　次　2020 年 3 月第 1 次印刷
开　　本　215mm×260mm 16 开
印　　张　2.5
字　　数　30 千字
I S B N　978-7-5715-0374-1
定　　价　58.00 元

退换声明：若有印刷质量问题，请及时和销售部门（010-88356856）联系退换。

千寻

总策划　吉　彤
　　　　姚湘竹
选题策划　耿　丹
项目编辑　耿　丹
译文审订　崔　萌
版权编辑　黄春琦
装帧设计　邓国宇
责任印制　盛　杰
营销编辑　火　包